OBSERVATIONS SUR LES GLANDES ET LE FERMENT DE L'ESTOMACH,

Faites par M. L O L I E R, *Chirurgien Juré de la Ville de Montpelier ;*

Dediées à Monsieur CHICOYNEAU Chancelier de l'Université de Medecine de la même Ville.

A MONTPELIER,

Chez HONORE' PECH, Imprimeur du Roi, de l'Université & de la Ville.

M. DCC. XIV.

A MONSIEUR CHICOYNEAU,

CONSEILLER ET MEDECIN du Roi, Professeur d'Anatomie & de Botanique, Chancelier & Juge de l'Université de Medecine de Montpelier;

ET Conseiller en la Cour des Comptes, Aydes & Finances de la même Ville.

MONSIEUR,

Ayant formé le dessein de mettre au jour quelques Observations que j'ai faites sur les Glandes de l'estomach, pouvois-je dedier le fruit de mon travail à une personne plus capable que Vous, de discerner la verité que je propose, & dont la protection pût m'être plus avantageuse? Vôtre Approbation, MONSIEUR, ne suffira-t'elle pas pour me mettre à couvert de ceux qui font gloire de tourner en ridicule un sentiment, qui ne s'accorde point avec leurs prejugés? Oüi sans doute; puisque, outre la parfaite connoissance que vous avez de toutes les parties de la Medecine, ce qui vous rend encore le plus recommandable, est le rare talent de juger sainement & avec équité de la solidité d'une découverte. C'est dans cette vûë, MONSIEUR, que j'ai pris la liberté de vous presenter ce petit Essai, que je vous suplie de vouloir bien accepter.

Ce seroit ici le lieu, MONSIEUR, de faire voir par quels soins vous vous êtes acquis ce jugement sain & solide, si vous le tenez à titre de succession d'un pere illustre, dont le nom sera éternellement gravé dans le temple de la Memoire, ou si c'est le fruit de vos veilles & de vos serieuses applications. Que n'ai je, MONSIEUR, cet art qui vous est si propre & si naturel, de bien penser & de bien dire, pour loüer dignement ce trésor de sciences que vous distribuez au public avec tant de profusion dans ce celebre Colége, qui tout recommandable qu'il est par son ancienneté, reçoit de jour en jour de vôtre part un nouveau lustre? J'étalerois ce noble penchant à soulager les pauvres & les riches malades, lequel vous fait principalement devenir le pere nourricier des premiers, tandis que vous êtes le Me-

decin desinteressé des autres. Je ne passerois pas sous silence les devoirs de vos charges remplis avec tant de dignité, les secrets les plus cachés de la nature developés par vos soins & communiqués à tous, ces prodiges de guerison que vous operez tous les jours. Tous ces rares talens ne me laissent que la liberté de les admirer, & de me dire trés-respectueusement,

MONSIEUR,

Vôtre trés-humble & trés-obéïssant serviteur,

B. LOLIER.

OBSERVATIONS
SUR LES GLANDES
ET LE FERMENT
DE L'ESTOMACH.

LA charge pénible, qui a été donnée à l'estomach, de recevoir des alimens de plusieurs especes, de les cuire, & de les rendre propres à nous nourrir, à nous soutenir, & à reparer les dissipations que nous faisons continuellement, merite d'autant plus nôtre attention, que la conservation & même le retablissement de nôtre santé dépendent principalement du soin que nous prenons de cette fonction si utile.

L'eſtomach ſeul, pour ainſi dire, par l'exactitude à remplir ſes devoirs entretient toute l'économie de nôtre corps ; comme lui ſeul par ſes dereglemens eſt la ſource de la plûpart des maux qui attaquent nôtre machine. Or pour concevoir comment l'eſtomach peut produire en nous tant de divers changemens, je croi qu'on ne ſçauroit mieux faire que de s'appliquer à rechercher la nature & la ſource de la liqueur, qu'on trouve répanduë dans ſa cavité, & qui eſt deſtinée au grand œuvre de la digeſtion ; puiſque c'eſt principalement du bon ou du mauvais état de cette liqueur que dépendent ces mêmes changemens. Les obſervations doivent abſolument nous ſervir de guide dans cette recherche ſi utile & ſi curieuſe. Or je pretends ici en propoſer quelques-unes que j'ai faites ſur cette matiere, & qui me paroiſſent établir

établir entierement l'un & l'autre ; sçavoir la nature du ferment de l'estomach, & l'existence des glandes qui servent à le separer de la masse du sang, où il est confondu avec les autres humeurs.

La plûpart des Auteurs admettent ces glandes, sans les avoir jamais vûës ; ce qui donne lieu à bien d'autres de les nier entierement & avec d'autant plus de fermeté, qu'aprés plusieurs experiences réïterées ils n'ont jamais pû s'assurer par eux mêmes de leur existence. J'avouë moi-même ne m'en être convaincu parfaitement qu'aprés avoir dissequé un grand nombre de cadavres, parmi lesquels le hazard m'en a presenté deux, où les glandes en question m'ont paru aussi manifestes, que les plus sensibles de nôtre corps, que personne ne revoque en doute : je dis le hazard ; car en effet il eſt certain que de cent ſujets, qui tombent entre les mains d'un Anatomiſte , à peine pourroit-il les decouvrir dans un ſeul. C'eſt donc un fait rare que d'obſerver ces glandes , je l'avouë : mais c'eſt un fait certain. Je les ay vûës , je les ay fait voir, & j'oſe me flattter d'avoir une piece juſtificative & convaincante contre ceux qui pretendent qu'on doit regarder ce fait comme une ſimple hypotheſe. Or ſi ces glandes ſe manifeſtent dans certains ſujets ; doit-on douter qu'elles n'exiſtent dans tous les autres, où leur petiteſſe les derobe à nôtre vûë ? La nature ne ſe dement point dans des choſes ſi neceſſaires , & elle opere dans tous les hommes les mêmes fonctions par les mêmes organes. Que ceux donc qui juſqu'ici n'ont point voulu ſe ſoumettre à l'opinion commune, ne nous alleguent plus qu'ils n'ont jamais pû decouvrir ces glandes. Qu'ils ſe ſouviennent que la nature ne ſe declare point tout à coup à tous ceux qui la cherchent, & que ce que l'un n'y obſerve pas, l'autre le decouvre. Qu'ils ne s'amuſent plus à ſe perdre dans de vains raiſonnemens uniquement propres à ſatisfaire l'eſprit des curieux, & nullement à convaincre les eſprits ſolides, qui dans leurs jugemens ne s'éloignent jamais des obſervations conſtantes.

Mais il eſt temps de venir à mon ſujet. L'année mil ſept cens onze, comme je diſſequois une petite fille morte de Maraſme, je trouvai pour la premiere fois pluſieurs glandes extremement gonflées & ramaſſées par paquet prés de l'orifice ſuperieur de l'eſtomach. J'en trouvai encore plus bas de pareilles, mobiles & roulantes, & placées dans l'entre-deux des tuniques de ce viſcere. Je me contentai de les faire voir à Meſſieurs les Etudians en Medecine, qui faiſoient alors l'ornement de mon Amphiteatre. Je ne me donnai pourtant point à eux pour le premier Auteur de cette decouverte, mais je ne fis que leur faire obſerver, que quoique dans bien des ſujets on n'ait pas toûjours la ſatisfaction de rencontrer les parties que l'on cherche, neanmoins elles peuvent d[illegible] quelques-uns ſe manifeſter, & ſe rendre trés-apparentes.

Cette remarque que je leur fis faire, ſe trouve confirmée par l'exemple des glandes du Plexus choroïde, qui ſont du nombre de celles qui ne paroiſſent pas, lors qu'elles n'ont que leur grandeur naturelle, & que j'ai pourtant remarquées auſſi groſſes que des lentilles, en faiſant en preſence de Monsieur Bezac Professeur en Medecine & de Monsieur Haguenot Docteur Aggregé, l'ouverture du crane d'un Laquais mort d'une maladie du cerveau assez singuliere ; car aïant penetré jusques dans l'interieur de ce viscere, je m'aperçûs d'un Plexus choroïde si gros, & dont les vaisseaux étoient si distendus, que je crûs en devoir examiner attentivement la structure. Il ne me parut autre chose qu'un tas de vaisseaux de differentes especes, accompagné de petits corps glanduleux, que je fis toucher à ces Messieurs pour s'en mieux assurer. Ils approuverent cette observation, & ne douterent nullement que ce ne fussent là les glandes du Plexus choroïde. Je pourrois joindre à cette observation des glandes insensibles, qui par leur gonflement se rendent trés-manifestes, celle que Monsieur Clemencet Docteur en Medecine de cette Université m'a communiquée depuis peu, par raport aux glandes du Pericarde. Faisant donc dernierement l'ouverture d'une Vache, qui avoit langui pendant fort long-tems, il trouva les membranes du Pericarde toutes semées de glandes aussi grosses que des noisettes ; il en trouva encore de pareilles vers le nombril entre la doublure du Peritoine.

Cette premiere observation des glandes de l'estomach fut suivie quelque temps aprés d'une autre, par raport au même sujet. J'ai encore aujourd'hui entre les mains les monumens de cette seconde observation, par lesquels je me flâte de pouvoir démontrer à qui que ce soit l'existence des glandes du ventricule. Les incredules pourront venir se convaincre de cette verité, contre laquelle les plus beaux raisonnemens ne sçauroient prévaloir ; parce que sans le secours même de l'éloquence, elle se soûtient seule contre tous les pieges des discours les plus fleuris & les plus seduisans qu'on emploïe pour l'attaquer. C'est cette force de la verité seule, qui m'a engagé à publier ces observations; car s'il m'avoit falu recourir ici à des tours d'éloquence pour la faire recevoir, je ne me serois pas mis en peine de mettre au jour cette Dissertation, que je n'ai même accordée qu'aux sollicitations de mes amis, qui ont blamé pendant long-temps mon silence sur des faits si capables de terminer tant de celebres disputes.

Ces faits ne sont point chimeriques, comme l'ont prétendu quelques personnes, que la verité seule n'interesse pas toûjours. Je m'offre de les convaincre par leurs propres sens ; quoique ſans doute il me ſuffiroit de leur propoſer le témoignage de M. le Chancelier & de M. Niſſole Anatomiſte Royal, dont le merite & l'exactitude ſi reconnus, ne permettent pas de former aucun doute aprés leur approbation.

Ces deux illuſtres témoins, aprés que je leur eus preſenté un eſtomach que j'ai retourné & fait deſſecher, & où ces glandes ſe voïent parfaitement, m'en témoignerent une vraye joye par le plaiſir qu'ils prirent non-ſeulement en examinant la groſſeur de ces glandes, leur ſituation, & les vaiſſeaux qui y entrent & qui en ſortent; mais encore en admirant l'arrangement merveilleux d'une infinité de vaiſſeaux qui rampent dans la ſubſtance de ce ventricule, & qui ſe font voir ſans le ſecours d'aucun microſcope.

On obſerve vers l'orifice ſuperieur de ce

de ce ventricule un grand nombre de ces glandes gonflées, parmi lesquelles il y en a une de la grosseur d'une amande. On en voit encore une presque semblable vers le milieu, ou le fond de cet estomach avec quantité d'autres de moindre volume semées tout autour ça & là, & placées toutes entre les tuniques de ce viscere. A ces preuves incontestables des glandes de l'estomach fondées sur les observations, joignons un raisonnement solide, qui n'en prouve pas moins l'existence. L'œsophage, le ventricule & les intestins ne sont tous qu'un même conduit destiné à servir à la chilification. Or l'œsophage & les intestins sont munis de glandes, qui versent, suivant le consentement de tout le monde, des fermens pour élabourer le chile. Donc, puisque l'estomach travaille plus que tout le reste à la for.

mation de ce même chile, on doit juger qu'il a aussi reçû de la nature des glandes, qui font le même office que celles que la même nature a accordées aux intestins & à l'œsophage. De plus, la liqueur qui se trouve répanduë dans le ventricule, & qui tire sur l'acre, comme on le verra bientôt, & qui ne sçauroit être un reste du chile qui tire sur l'acide, est analogue avec les fermens que fournissent les intestins. Donc, puisque ces fermens reconnoissent dans le tissu des intestins des glandes particulieres qui servent à les separer de la masse du sang, il faut que la liqueur susdite, qu'on trouve dans le ventricule, ait pareillement des glandes dans le tissu de ce viscere destinées à la separer de la masse des humeurs.

Il est donc constant que les glandes, que nous avons observées dans l'estomach, doivent être regardées comme le couloir de la liqueur acre, qu'on trouve dans la cavité de ce viscere, & non pas les glandes salivaires, qui peuvent à la verité l'augmenter sans en être pourtant la source entiere. Voyons maitenant de quelle nature est le ferment de l'estomach, & pour cela servons-nous toûjours des observations.

On m'envoya des Cevenes l'année derniere un animal appellé Thesson ou Bleraut, qui avoit resté cinq jours sans prendre aucun aliment, & dont par consequent l'estomach étoit vuide de chile. Lui ayant ouvert le ventricule j'y trouvai un grand verre d'un suc de la consistance d'une gelée. Je dilayai une partie de ce suc avec de l'eau chaude, & l'ayant philtrée à travers le Papier gris, je la mêlai avec la teinture de fleurs de mauve, à laquelle elle donna une couleur verte. Ce même ſuc ſeul & ſans mêlange d'eau me produiſit le même effet. Or c'eſt la proprieté des acres, ſuivant tous les Chymiſtes, de verdir les teintures bleuës. Donc c'eſt le ſel acre qui domine dans le ferment de l'eſtomach, & non pas le ſel acide dont la proprieté eſt de rougir ces mêmes teintures.

Je ne raporte point ici les experiences ſi exactes, que le fameux Monſieur Chirac a faites pluſieurs fois ſur ce même ſuc qu'il a trouvé dans l'eſtomach de divers animaux, & qui prouvent toutes que le ſel acre y predomine. La raiſon confirme ce même ſentiment; car rien n'eſt plus propre, comme le prouvent les experiences de Chymie, que le ſel acre pour la diſſolution des alimens.

De plus la ſalive & le ferment inteſtinal, qui ſervent évidemment à la formation du chile, contiennent ſuivant tous les Phyſiologiſtes plus de ſel acre que d'aucun autre eſpece de ſel. Donc il en eſt de même du ferment de l'eſtomach, qui eſt deſtiné à la même fonction. De plus rien n'eſt plus propre, comme l'obſervent les Praticiens, pour ranimer les digeſtions languiſſantes, que les remedes qui abondent en ſels acres. Donc le ferment de l'eſtomach, lors qu'il eſt bien conſtitué, abonde en ſel acre. C'eſt pourquoi, ſi on l'a trouvé quelque-fois acide, ce n'a été que dans des eſtomachs indiſpoſés.

Voila l'exiſtence des glandes de l'eſtomach, leur uſage, & la nature du ferment ſtomachal prouvés & établis avec la certitude, que demandent ceux qui ſe piquent de raiſonner ſolidement,

& qui conforment moins la nature à leurs jugemens, que leurs jugemens à la nature. Je laiſſe aux Phyſiologiſtes à faire valoir ces verités que j'ai établies, & à en tirer des conſequences pour l'explication de la digeſtion des alimens. Je me contente en finiſſant de faire obſerver que nous ſerions heureux de connoître avec autant d'évidence les organes des autres fonctions de nôtre machine, que nous connoiſſons à preſent ceux qui préſident au grand œuvre de la digeſtion ; & qu'on pourroit peut-être en venir à bout, ſi l'on s'attachoit ſerieuſement à faire des obſervations qui éclairent ſolidement, plûtôt qu'à bâtir des vaines hypotheſes qui ne ſont propres qu'à ébloüir & à nous éloigner de la verité.

FIN.

www.ingramcontent.com/pod-product-compliance
Ingram Content Group UK Ltd.
Pitfield, Milton Keynes, MK11 3LW, UK
UKHW021048260726
13994UKWH00005B/2398